Émile Saigey

De l'Equivalence de la chaleur et du travail mécanique

Science

ISBN : 978-1984351142

10 9 8 7 6 5 4 3 2 1

Émile Saigey

De l'Equivalence de la chaleur et du travail mécanique

Science

Table de Matières

Introduction

La physique moderne est entrée depuis vingt ans dans une phase
particulière. À mesure qu'on a mieux étudié la gravitation, la chaleur,
la lumière, l'électricité, le magnétisme, l'affinité chimique, et qu'on
a mieux connu les lois spéciales de chacune de ces propriétés de la
matière, on a distingué plus nettement leurs relations nécessaires ;
on a reconnu pour plusieurs d'entre elles qu'elles s'engendrent les
unes des autres suivant des règles précises, et l'on a été conduit à
étendre et à généraliser ce principe. À vrai dire, ce n'est qu'un retour
à la méthode primitive et naturelle. Après avoir séparé la science
en plusieurs branches pour la commodité de l'esprit et la facilité de
l'étude, on devait être ramené à l'unité initiale. Après l'analyse devait
venir la synthèse ; mais ce mouvement s'est présenté, dans ces vingt
dernières années, avec tous les caractères d'une nouveauté. Cette
évolution de l'esprit scientifique s'est marquée dans le livre de M.
Grove sur la *Corrélation des Forces physiques*. Il faut avouer que le
physicien anglais mêle bien des incertitudes à quelques aperçus
ingénieux, qu'il esquive les difficultés principales, qu'il agite plus
de questions qu'il n'en résout, qu'il entre rarement au cœur du
sujet, et qu'il n'apporte à l'appui de sa théorie qu'un très mince
bagage de faits. Il eut du moins le mérite d'exposer avec quelques
vues d'ensemble des idées qui étaient disséminées dans des travaux
de toute sorte, et d'en faire tant bien que mal un corps de doctrines.

Depuis que le livre de M. Grove a paru, c'est-à-dire depuis une
quinzaine d'années,[1] on a fait dans la voie qu'il avait vaguement
esquissée des progrès sérieux. On a renversé quelques-unes des
barrières qui séparaient les différentes parties de la physique, et la
vue, s'étendant plus librement, a saisi des rapports qui jusqu'alors
étaient restés cachés. En entrant plus avant dans les faits, on a
commencé à débarrasser la science des fluides hypothétiques, des
entités latentes, des qualités occultes, des redondances fallacieuses.
C'est ainsi que la chaleur et la lumière en sont venues à présenter
des phénomènes tellement connexes que plusieurs physiciens
osent insinuer qu'elles sont une seule et même chose, et qu'il
n'y a de différence que dans notre perception. De ces rapports
nouvellement établis entre des phénomènes qui avaient été

1 Il fut traduit on français en 1856 par M. l'abbé Moigno.

longtemps regardés comme à peu près étrangers l'un à l'autre, nous pourrions citer encore quelques exemples. Nous nous bornerons à en signaler un des plus remarquables, et ce sera l'objet de cette étude : nous voulons parler de l'équivalence de la chaleur et du travail mécanique.

La théorie de cette équivalence, commencée vers 1842 par un physicien de Manchester, M. Joule, et par un médecin allemand, M. Jules-Robert Mayer, s'est répandue peu à peu dans le monde scientifique. D'abord obscurcie par bien des confusions, elle s'est dégagée lentement du brouillard. Elle brille aujourd'hui d'un vif éclat. Elle est, dans l'étude de la corrélation des phénomènes naturels, la partie la plus claire et la plus certaine. Elle forme, dans cet ensemble encore trop peu défini, un groupe complètement achevé. Si quelques doutes existaient encore à ce sujet dans certains esprits, ils ne peuvent manquer d'être levés par les deux excellentes leçons que M. Verdet a faites au mois de février de l'année dernière à la Société chimique de Paris. Il a résumé tous les faits relatifs à cette théorie fondamentale, et les a présentés avec la précision et l'élégance que donnent à de semblables exposés les formules de l'analyse mathématique. Si cette forme ne nous permet pas de le suivre ici dans les détails techniques de ses leçons, nous essaierons du moins d'en retracer les traits principaux.

Section I

Beaucoup de faits pourraient servir d'origine à l'exposition de la théorie nouvelle. On n'a que l'embarras du choix. Nous sommes en effet comme enveloppés par les manifestations de la chaleur et du travail mécanique. Il suffirait de prendre l'une d'entre elles, la première venue, et de l'examiner de près, pour y découvrir la relation des deux éléments qui nous occupent. M. Verdet prend pour point de départ l'étude de la machine à vapeur, et il se conforme ainsi à l'ordre historique des idées. C'est en effet par l'usage toujours croissant des moteurs à vapeur que l'attention a été appelée sur les phénomènes dont nous allons parler. Ce sont les machines à vapeur qui ont mis sans cesse sous nos yeux et fait entrer dans la pratique journalière de notre vie le spectacle du travail créé avec de la chaleur. C'est en contemplant les immenses résultats que notre siècle obtenait au moyen de ces organes, en voyant tous ces mouvements produits, ces poids énormes soulevés, ces métaux travaillés, ces efforts de toute sorte réalisés, en regardant tous ces bras de fer s'agiter, toutes ces roues tourner, c'est, disons-nous, en examinant d'une part tout ce travail accompli et en se reportant d'autre part au foyer incandescent qui était l'origine de toute cette force, c'est en rapprochant cet effet et cette cause, que l'instinct public, avant même d'avoir la consécration de la science, a pu s'écrier : « Ce travail vient de cette chaleur ! Ce travail n'est qu'une transformation de cette chaleur ! »

Examinons donc le jeu d'une machine à vapeur, et prenons, pour fixer les idées, une machine à détente et à condensation. La machine produit un travail quelconque. Elle a pris son mouvement uniforme. Que se passe-t-il dans l'intervalle de temps qui correspond au mouvement de va-et-vient du piston ? De l'eau ayant une température basse est amenée du condenseur dans la chaudière et s'y vaporise ; une certaine quantité de vapeur est introduite sous le piston, elle le presse et se détend ; le piston se meut et la vapeur retourne au condenseur, où elle revient à l'état d'eau à basse température. Pendant cette série de phénomènes, un travail extérieur est produit par la machine. La série se renouvelle et avec elle un nouveau travail, et ainsi de suite. Si nous ne considérons que les déplacements des corps qui sont en jeu et les effets mécaniques sensibles aux yeux, nous n'apercevons pas d'où vient le travail extérieur qui a été produit. Après la période correspondante à un mouvement alternatif du piston, toutes les pièces de la machine se retrouvent comme elles étaient avant cette période ; elles sont identiquement dans le même état ; elles possèdent la même vitesse, la même capacité de mouvement. Quant à l'eau, si on la suit du condenseur à la chaudière, de la chaudière au corps de pompe, du corps de pompe au condenseur, on voit qu'elle se retrouve tout entière, car les quantités qui peuvent s'en perdre dans la pratique sont négligeables dans notre raisonnement théorique. Aux dépens de quoi s'est donc produit le travail ? Qu'est-ce qui s'est consommé ? Ce n'est pas dans l'usure de la machine, ce n'est pas dans la vapeur qui peut éventuellement disparaître du système que nous trouverons une raison suffisante de ce travail, car ce sont là des accidents légers qui ne sont point en proportion convenable avec le résultat constaté. Encore une fois d'où vient ce résultat ? Ici notre pensée se reporte naturellement au foyer, au charbon qui brûle et qui communique de la chaleur à l'eau pour la transformer en vapeur. Cette vapeur, après avoir agi sur le piston, retourne dans le condenseur et y abandonne de la chaleur en revenant à l'état liquide. Chaleur communiquée à la vapeur, chaleur restituée par la vapeur, ces deux quantités sont-elles égales ?

Si elles le sont, nous demeurons en face d'un phénomène inexplicable. Notre machine fait sortir du travail de rien. La quantité de chaleur que le foyer a communiquée à la vapeur au commencement d'une période se retrouve à la fin dans le condenseur tout entière et toute prête à être de nouveau utilisée. Quant à la quantité de chaleur que le foyer a perdue par d'autres motifs, il est clair que nous n'avons pas à en tenir compte et qu'elle n'a pas contribué au travail. Voilà donc une création de travail sans dépense, un effet sans cause !

Si au contraire la vapeur, après avoir travaillé, apporte au condenseur moins de chaleur qu'elle n'en a reçu de la chaudière, tout s'explique, et le travail produit par la machine devient évidemment pour nous l'équivalent de la chaleur qui a disparu.

On voit donc que nous nous trouvons en face d'un phénomène fondamental, d'une expérience décisive à faire. Hâtons-nous de dire qu'elle a été faite, et qu'elle a pleinement confirmé la seconde de nos deux hypothèses, la disparition d'une certaine quantité de chaleur qui se transforme en travail. Hâtons-nous de poser cette conclusion à ce premier exposé de la nouvelle doctrine ; mais avouons tout de suite que l'expérience dont nous parlons a eu une histoire malheureuse, qu'elle a servi quelque temps à infirmer les résultats que nous sommes aujourd'hui en droit d'en tirer, et que maintenant peut-être encore, par un reste des fausses lueurs dont elle avait d'abord obscurci la question, elle éloigne de la vérité quelques esprits timorés. les essais furent faits par M. Hirn, ingénieur civil à Golmar, à l'occasion d'un prix proposé par la Société de physique de Berlin sur la question de l'équivalence de la chaleur et du travail mécanique. M. Hirn avait opéré sur de puissantes machines ; il s'était servi des moteurs d'une grande usine pendant leur marche industrielle ; il avait répété et poursuivi ses études pendant plusieurs années. Ses résultats semblaient donc à l'abri des diverses causes d'erreur qui entachent souvent les travaux de laboratoire exécutés sur une échelle trop restreinte. Ses conclusions n'en étaient donc que plus désastreuses quand il prétendait retrouver dans le condenseur toute la chaleur que la vapeur avait enlevée à la chaudière. Le président de la Société de physique de Berlin écrivait à M. Hirn en 1857 : « Vous avez fait, monsieur, vis-à-vis de notre programme, à peu près ce que Jean-Jacques fit vis-à-vis de celui de l'académie de Dijon. La société demande la détermination exacte de l'équivalent mécanique de la chaleur : vous vous êtes efforcé de prouver qu'un tel équivalent n'existe pas. Cependant un examen approfondi de vos expériences a amené la commission à penser que, loin de démontrer ce nouveau principe, ces expériences, si l'on en discute les résultats d'une certaine manière, tendraient bien plutôt à prouver l'existence de l'équivalent en question et même fourniraient des chiffres assez concordants avec ceux qu'ont déduits d'autres expérimentateurs. » Une longue controverse s'engagea alors entre M. Clausius, qui examinait les mémoires présentés à la Société, et M. Hirn, qui soutenait ses premières affirmations par de nouveaux travaux. La vérité se dégageait d'autant plus difficilement à travers cette discussion qu'il n'était pas toujours facile d'analyser les expériences de M. Hirn, développées avec une abondance un peu germanique dans d'assez volumineux mémoires. La lumière a pourtant fini par se faire ; l'inexactitude des raisonnements que M. Hirn appliquait à ses données expérimentales a été mise en évidence, et ses chiffres mêmes, sainement interprétés par M. Clausius, ont donné le résultat que nous avons annoncé. La dernière et la plus utile des consécrations n'a point même manqué à cette conclusion définitive. Au mois de juillet 1862, M. Hirn a publié un nouveau mémoire où il rectifie ses premières assertions, adorant ce qu'il avait brûlé et brûlant ce qu'il avait adoré.

Cette transformation de la chaleur en travail, que nous avons essayé de faire entrevoir dans un cas déterminé, dans le jeu d'une machine à vapeur, nous allons tout à l'heure la retrouver dans l'examen des faits les plus divers. Nous trouverons également la transformation inverse, et nous verrons à chaque instant le travail se transformer en chaleur. Si nous faisons mouvoir par un effort mécanique une roue à palettes dans un réservoir d'eau, nous échaufferons cette eau ; bien d'autres faits de cette nature apparaîtront. Nous pourrons alors attribuer une généralité absolue au phénomène de la transformation réciproque de la chaleur et du travail ; mais, comme nous nous proposons avant tout d'indiquer rapidement l'ensemble de la théorie nouvelle, nous admettrons dès maintenant que cette généralité est démontrée, et nous poserons sans plus tarder une nouvelle question. Dans la transformation qui nous occupe, y a-t-il un rapport constant entre la quantité de chaleur qui disparaît et la quantité de travail qui apparaît ? On connaît les unités auxquelles ces quantités se comparent ; l'unité calorifique, la calorie, est la quantité de chaleur qui est capable d'élever d'un degré thermométrique la température d'un kilogramme d'eau ; l'unité de travail, le kilogrammètre, est la quantité de travail qui est capable d'élever à la hauteur d'un mètre un poids d'un kilogramme. Quand des calories se transforment en kilogrammètres ou réciproquement, y a-t-il entre ces deux quantités un rapport numérique constant ? Une calorie produit-elle dans tous les cas le même nombre de kilogrammètres ? Un kilogrammètre donne-t-il dans tous les cas le même nombre de calories ?

Si l'on consulte les faits, on y trouve une réponse affirmative. Un nombre considérable d'expériences répétées depuis vingt ans, qui ne seront point toutes citées ici, mais dont les plus mémorables du moins seront mentionnées dans le cours de cette étude, se pressent pour attester la fixité du nombre qui représente l'équivalence de la chaleur et du travail. Une calorie équivaut à 425 kilogrammètres, non pas, on le pense bien, que toutes les expériences aient donné ce nombre exact : ce serait un résultat trop contraire à la pratique des recherches expérimentales ; mais c'est la moyenne que M. Verdet propose d'adopter après avoir examiné une série de travaux assez concordants pour nous donner pleine confiance dans le nombre qui ressort d'une comparaison faite avec soin. C'est le nombre qui devra désormais servir aux calculs industriels et scientifiques. Dès maintenant donc, et sous le bénéfice des confirmations expérimentales, dont les pages qui vont suivre seront l'objet, on peut considérer comme acquise la fixité du nombre qui représente l'équivalence. C'est ce nombre qui est généralement connu sous le nom d'équivalent mécanique de la chaleur.

Passant maintenant de l'ordre des faits à l'ordre des raisonnements, nous demanderons si on aurait pu concevoir qu'une calorie ne donnât pas toujours le même nombre de kilogrammètres. Et d'abord n'oublions pas que le phénomène est réversible, et que nous pouvons, suivant les cas, convertir de la chaleur en travail ou du travail en chaleur. 'Imaginons un instant qu'il n'y ait pas dans cette transformation réciproque un rapport fixe ; supposons qu'il y ait des machines, des organes, des systèmes, par lesquels on puisse obtenir des rendements variables (et nous ne parlons pas, bien entendu, du rendement utile, qui peut varier, mais du rendement intrinsèque, calculé en tenant compte de toutes les transformations utiles ou non) : il est clair qu'en accouplant ces machines, ces organes, ces systèmes dans l'ordre le plus avantageux, et les abandonnant à leur action seule, nous pourrions, au moyen d'une quantité de chaleur ou de travail donnée, obtenir des quantités de chaleur ou de travail croissant d'une façon illimitée, résultat tout à fait inadmissible. C'est là ce qu'on appelle une démonstration par l'absurde.

En donnant le nombre 425 pour l'équivalent mécanique de la chaleur, il n'est peut-être pas inutile d'aller au-devant d'une objection : on est quelquefois surpris au premier instant de la grandeur de ce nombre. — Eh quoi ! se dit-on, tant de kilogrammètres pour une seule calorie ! — Mais l'étonnement se dissipe vite ; il tient à une appréciation inexacte des unités qui sont en présence, et disparaît dès qu'on se rend un compte suffisant de leurs valeurs respectives. La calorie est une unité moins modeste qu'il ne semble d'abord, et l'on en reprend une idée plus avantageuse quand on réfléchit au temps que met une masse d'eau pour s'échauffer sur un foyer ordinaire. Le kilogrammètre au contraire n'a point l'importance que semble lui attribuer la pompe de son nom ; 425 kilogrammètres ne représentent en somme que le travail d'un cheval-vapeur pendant six secondes environ. Par conséquent le travail d'un cheval-vapeur pendant une heure correspond à 600 calories. Ce résultat, ainsi présenté, n'aura sans doute plus rien qui puisse étonner les personnes mêmes qui auraient été portées à le trouver singulier sous la forme où il se produisait précédemment.

Section II

Dès que l'esprit a conçu la notion de l'équivalence de la chaleur et du travail, il demande à en pénétrer le principe, à en saisir non plus la manifestation, mais la signification intime. Maître des faits, il veut en posséder la raison. Quand il a vu la transformation de la chaleur en travail, il veut savoir pourquoi et comment cette transformation s'accomplit, quel est le procédé que la nature y emploie. Il se trouve en face de ce phénomène comme en présence d'un tour d'escamoteur. Voici bien les calories avant l'opération ! Voici maintenant le travail accompli qu'on lui montre en échange des calories qui ont disparu ! Mais quel est le secret de cette étonnante substitution ? — A vrai dire, on n'a dans aucun cas surpris ce secret sur le vif ; mais la théorie en donne une explication plausible.

C'est ainsi qu'on a toujours vu la physique placer des hypothèses sur les phénomènes qu'elle étudiait. On conçoit d'ailleurs qu'une explication, fût-elle mauvaise, n'infirme en rien ce qui a été observé. Le danger commencerait seulement du jour où l'on voudrait dénaturer les observations et plier les faits pour les amener de force dans les données d'une hypothèse. Pourvu que l'on se garde de ce péril, l'hypothèse est utile par les vérifications qu'elle suggère, par les aperçus qu'elle ouvre.

Avant donc d'aller plus loin, avant d'entrer dans la série des faits qui mettront tout à l'heure la notion de l'équivalence dans une complète lumière, nous nous arrêterons encore un instant pour esquisser l'hypothèse qui a été faite à ce sujet, et qui réunit aujourd'hui les suffrages les plus éminents ; mais il est nécessaire qu'on n'oublie pas, quelle que soit l'opinion qu'on s'en forme, que les faits fondamentaux auxquels elle s'applique demeurent hors de doute. Que cet aperçu théorique obtienne ou non l'assentiment du lecteur, nous n'en serons pas moins en droit, après l'avoir indiqué, de reprendre sur le terrain des faits la suite de notre exposé.

Et d'abord les travaux publiés pendant ces vingt dernières années sur la chaleur démontrent qu'elle est un mouvement vibratoire. Melloni, dans un mémoire lu à l'académie de Naples le 2 février 1842 et inséré la même année dans la *Bibliothèque universelle* de

Genève, avait longuement comparé les phénomènes de la chaleur rayonnante et les phénomènes lumineux. De cette étude, il avait conclu que, quand un corps porté à une certaine température est placé au milieu de corps qui ont une température plus basse, un mouvement vibratoire se propage dans le milieu ambiant. Qu'est-ce qui vibre ? Sont-ce les molécules matérielles et ordinaires des corps interposés ? Est-ce au contraire un éther jusqu'ici insaisissable à toutes nos recherches, et qui remplirait les interstices de ces molécules ? C'est ce que Melloni ne pouvait dire ; mais il affirmait la vibration. Il cherchait d'ailleurs une preuve expérimentale en essayant de produire directement des interférences de rayons calorifiques comme on produisait déjà des interférences de rayons lumineux. Il n'obtint pas lui-même cette sanction de son hypothèse ; mais cinq années plus tard MM. Fizeau et Foucault montrèrent que l'on peut, en ajoutant de la chaleur à de la chaleur, produire du froid, tout comme en ajoutant de la lumière à de la lumière on produit de l'obscurité. L'hypothèse de Melloni était ainsi démontrée par les faits.

C'est donc en étudiant la chaleur dans son passage d'un corps à-un autre à travers l'air ambiant qu'on en a saisi la nature intime ; mais si dans cette propagation on a constaté d'une manière certaine qu'elle est un mouvement vibratoire, n'est-il pas naturel d'admettre qu'il en est également ainsi dans l'intérieur même des corps ?

Ce que nous appelons chaleur devient donc pour nous un mouvement de molécules. Dirons-nous, que ce sont les dernières molécules du corps même qui vibrent ? Dirons-nous que ce sont les molécules d'une substance éthérée qui en remplit les pores ? Peu nous importe Il nous suffit de constater l'existence d'un mouvement moléculaire. Mais d'une autre part qu'est-ce que le travail, sinon le mouvement d'une masse ? Ainsi l'idée de chaleur comme celle de travail se résolvent maintenant pour nous dans l'idée commune de mouvement, et rien ne doit plus nous étonner si ces deux phénomènes sont liés par une équivalence que régissent les lois ordinaires de la mécanique.

Rien ne se perd, rien ne se crée dans la nature. *Ex nihilo nihil,. in nihilum nil posse reverti.* Cela est vrai non-seulement des molécules matérielles, mais aussi de la force ou cause de mouvement qui est la propriété essentielle de chaque molécule. Si donc une molécule ou une masse possède à un moment donne une certaine capacité de mouvement, elle n'en perdra une portion, qu'en la cédant à une autre molécule ou à une autre masse. Il y a longtemps que Descartes a dit : « Je tiens qu'il y a une certaine quantité de mouvement dans toute matière créée qui n'augmente et ne diminue jamais, et ainsi, lorsqu'un corps en fait mouvoir un autre, il perd autant de mouvement qu'il en donne, comme lorsqu'une pierre tombe de haut contre la terre, si elle ne retourne pas et qu'elle s'arrête, je conçois que cela vient de ce qu'elle ébranle cette terre et ainsi lui transfère tout son mouvement. » Descartes exprimait ainsi une vérité fondamentale de la mécanique ; mais il ne comparait entre eux que deux mouvements du même ordre. Observons cependant que dans l'exemple qu'il donne il y a nécessairement de la chaleur produite par le choc, et que sa proposition n'est vraie qu'à la condition d'assimiler complètement cette production de chaleur à une communication de mouvement. Nous sommes ainsi amenés à comparer entre eux et à regarder comme s'engendrant directement les uns des autres ces mouvements visibles qui constituent le travail dans son acception ordinaire, et ces mouvements moléculaires que nos yeux ne peuvent apercevoir et qui constituent la chaleur. Quand un travail engendre de la chaleur, c'est donc qu'une quantité de mouvement passe de la masse d'un corps aux molécules de ce corps bu d'un corps différent. Si c'est au contraire la chaleur qui a engendré un travail, on peut dire qu'une quantité de mouvement est passée des molécules du corps à la masse de ce corps ou d'un corps différent.

Pour concevoir comment les derniers atomes d'un corps peuvent être animés d'une vitesse considérable qui n'est pas apparente, mais qui peut à un moment donné, se convertir en effets d'un autre ordre, veut-on un exemple grossier ? On voit quelquefois un boulet de canon s'avancer lentement sur le sol ; il paraît presque mort, et on croirait que le moindre effort va suffire pour l'arrêter ; mais-en réalité le boulet tourne sur lui-même avec une vitesse énorme. Qu'on vienne à mettre le pied sur lui et à en dénaturer le mouvement en en fixant ainsi un point, le boulet blesse ou tue l'imprudent qui l'a touché.

Nous pouvons dire maintenant, pour résumer notre hypothèse, que tout corps, à un moment donné, possède une certaine vertu intérieure, qui peut se manifester soit sous forme de chaleur, soit sous forme de travail. Il est à cet égard, un terme, celui de force vive, que le langage usuel a souvent emprunté à la science, en le détournant, il est vrai, de son acception rigoureuse. On nous permettra de suivre cet errement. Nous dirons ainsi que la force vive qu'un corps possède à un instant donné peut, suivant des circonstances, se révéler sous deux aspects, force vive calorifique, force vive mécanique, de telle sorte que les deux manifestations soient complémentaires et reproduisent le total de la force vive qui était renfermée dans le corps.

Avant d'en finir avec cet aperçu théorique, examinons, à l'aide des lumières qu'il nous donne, le jeu de la machine à vapeur dont nous avons déjà parlé plus haut. Nous supposons, avons-nous dit, la machine en pleine marche, ayant pris son mouvement uniforme. Qu'on veuille bien considérer, comme précédemment, l'intervalle de temps qui sépare deux moments où le piston occupe exactement la même position. À la fin de cette période, toutes les parties de la machine possèdent la même quantité de force vive qu'au commencement, car leur masse d'une part est invariable, et d'autre part elles ont la même chaleur et la même vitesse, puisque nous supposons le jeu régulier. Dans cet intervalle, cependant un travail extérieur a été produit, un poids a été élevé ou toute autre résistance a été vaincue, et ce travail n'a pu se produire qu'aux dépens d'une partie de la force vive qui était dans la machine ; mais puisque nous venons de voir que cette machine en possède encore la même quantité, c'est donc qu'en même temps qu'elle en perdait d'une part elle en gagnait de l'autre une quantité égale. En même temps qu'elle en dépensait sur, l'arbre moteur (nous laissons de côté le travail que la machine produit sans qu'il soit recueilli utilement), elle en empruntait autant au foyer de la chaudière. Cette machine nous apparaît donc comme un véhicule de force vive. Elle absorbe de la force vive mesurable en calories, elle rend de la force vive mesurable en kilogrammètres. Et puisque, dans l'état de fonctionnement uniforme où nous l'examinons, elle ne garde rien pour elle, puisqu'elle dépense tout ce qu'elle reçoit, il y a entre les quantités de force vive mesurées à l'entrée et à la sortie un rapport d'équivalence, nous pouvons dire d'égalité. Pour chaque calorie qui entre, il y a 425 kilogrammètres qui sortent.

Section III

Mais abandonnons le champ de l'hypothèse pour revenir sur le terrain des faits, et c'est maintenant que nous allons voir nos premières données se confirmer par une série de vérifications. À la lumière de cette notion nouvelle, il y a toute une révision de la science à faire. Partout où il y a simultanément phénomène calorifique et phénomène mécanique, c'est-à-dire dans presque tous les cas que la pratique et la théorie peuvent nous présenter, la nouvelle loi introduit entre les deux phénomènes une relation nécessaire, jusqu'ici inconnue, et qui, maintenant démontrée, fera découvrir des vérités intéressantes, reconnaître des erreurs ou combler des lacunes. Toutes les lois physiques et chimiques ont désormais besoin d'être considérées sous un nouvel aspect ; l'astronomie, la physiologie vont s'éclairer de lueurs inattendues. Il ne s'agit pas ici, comme on le pense bien, de faire cette révision générale de la science ; il ne s'agit même pas d'indiquer comment elle peut être faite : nous nous contenterons de citer quelques exemples, empruntés pour la plupart aux leçons de M. Verdet.

Que va devenir, pour commencer par là, l'ancienne notion du frottement ? Depuis longtemps, lorsque deux corps se mouvaient au contact l'un de l'autre avec des vitesses différentes, une certaine partie du travail développé par le corps frottant disparaissait sans que l'on s'en rendît un compte bien net. La science officielle était fort réservée à cet endroit. Elle posait dans ses calculs un coefficient relatif au frottement et elle se hâtait de passer outre. Elle se gardait d'appuyer sur ce phénomène, qui ne laissait pas de se présenter sous des dehors assez singuliers. Quant à l'opinion commune, elle regardait assez volontiers le frottement comme une force mystérieuse qui absorbait par elle-même une certaine quantité de travail entre les deux surfaces frottantes. On se laissait aller à admettre une sorte d'annulation de travail sans mesurer la portée dangereuse d'une pareille doctrine. Ce n'est pas qu'on ne sût déjà que tout frottement est accompagné d'un développement de chaleur ; mais il semblait que ce fût là un phénomène tout à fait accessoire. Les choses changent de face actuellement, et c'est ce phénomène autrefois négligé qui nous rendra compte maintenant de ce qui avait pu paraître mystérieux. Tout le travail consommé dans le frottement, et qui ne se retrouve pas sous une autre forme appréciable, se retrouve sous forme de chaleur. Toute équivoque disparaît, et le bilan du travail moteur s'établit avec exactitude.

Cette conversion directe du travail en chaleur, à laquelle correspondent des phénomènes usuels et faciles à reproduire, avait nécessairement frappé de bonne heure certains esprits. Elle a été l'objet d'expériences fréquentes, saisissantes, et, avant de se résoudre en une loi précise, elle a vaguement préoccupé divers savants qui sont restés aux abords de la vérité. Rumford fut un de ces précurseurs. C'était un Anglais d'Amérique, un esprit éclairé et indépendant, un peu inquiet et porté à dédaigner les vieilles théories. Tour à tour colonel anglais dans les luttes contre les Américains, ministre de la guerre chez l'électeur de Bavière, puis philanthrope à Paris, où il avait épousé la veuve de Lavoisier, il fut savant à ses heures et à sa manière. Ses travaux, malheureusement un peu trop sommaires, n'ont pas toujours eu l'influence qu'ils auraient mérité d'avoir. Ses mémoires sur la chaleur, publiés en 1804, contenaient les faits les plus intéressants.

On admettait alors, sur la foi de Lavoisier et de Laplace, que le calorique était une matière renfermée dans les interstices des corps, et qui en sortait ou y rentrait sous l'influence de certaines causes. Rumford, mécontent de cette hypothèse, entreprit de la soumettre à une expérience décisive. « Si le calorique, disait-il, est une matière logée dans les corps de façon à en remplir les intervalles poreux, comme l'eau remplit les pores d'une éponge, il est clair qu'un même corps n'en contient qu'une quantité déterminée et ne pourra en émettre indéfiniment. C'est ainsi qu'une éponge gonflée d'eau, suspendue par un fil au milieu d'une chambre remplie d'air sec, donne de l'humidité à cet air ; mais l'éponge est bientôt épuisée d'eau et mise en état de ne plus pouvoir en fournir. Au contraire une cloche, étant frappée aussi longtemps qu'on voudra, donne toujours du son sans aucun signe d'épuisement. L'eau est une substance, et il n'en est pas de même du son. » Pour examiner à ce point de vue les phénomènes calorifiques, Rumford faisait tourner une barre de bronze sur une autre barre semblable dans un vase rempli d'eau ; la barre tournante était chargée d'un poids de 5,000 kilogrammes et faisait 32 révolutions par minute. Rumford observait réchauffement de l'eau, qui était

considérable et capable de mettre de grandes masses de liquide en
ébullition ; mais le dégagement de chaleur produit par les barres
frottantes était-il indéfini ou limité ? C'est à vérifier ce fait que
Rumford s'attachait, et il trouvait que, tant que la barre tournait,
la chaleur se dégageait indéfiniment. Il prouvait ensuite, par un
examen minutieux, qu'on ne pouvait attribuer le dégagement de
chaleur ni à la décomposition de l'eau, ni à la décomposition de
l'air, ni à une foule d'autres phénomènes concomitants auxquels
on aurait pu être tenté de l'attribuer. Montrant ainsi que cette
chaleur sortait indéfiniment des barres frottantes, il en concluait,
comme nous l'avons dit tout à l'heure, que le calorique ne peut
pas être une matière, mais qu'il est un mouvement. Qui ne voit
qu'il n'y avait qu'un pas à faire pour en tirer une conclusion plus
intime, et pour dire, comme nous le disons maintenant, que cette
chaleur indéfiniment dégagée par les barres de bronze n'était
qu'une transformation du travail indéfiniment employé à produire
le mouvement de rotation ? Il y a plus, l'expérience de Rumford
se prêtait à une détermination numérique de l'équivalence des
deux phénomènes : d'une part le travail employé à la rotation était
facilement appréciable, et de l'autre les procédés calorimétriques
pouvaient aisément faire connaître la quantité de chaleur absorbée
par l'eau. Aussi plusieurs déterminations numériques du nombre
fondamental de l'équivalence ont-elles été faites dans des essais
analogues à celui de Rumford.

Par d'autres voies, Rumford approchait encore de la notion de
l'équivalence de la chaleur et du travail. Faisant forer une pièce de
canon à la fonderie royale de Munich, il constatait réchauffement de
la masse de bronze. Et comme on essayait de rendre compte de cet
échauffement en admettant une différence de capacité calorifique
entre le bronze massif et le bronze en limaille, il se hâtait de mettre à
néant cette fausse explication en mesurant directement la capacité
calorifique du bronze dans les deux cas et en prouvant qu'elle ne
variait point. Mais voici un autre fait bien curieux. Il expérimentait
un canon de fusil dans lequel il introduisait toujours la même
charge de poudre, et tantôt il n'y mettait pas de balle, tantôt il
y plaçait une, deux, trois et même quatre balles les unes sur les
autres. « J'étais dans l'habitude, dit-il, de saisir avec la main gauche
le canon aussitôt après chaque décharge pour le tenir pendant que

je l'essuyais en dedans avec une baguette garnie d'étoupes, et j'étais fort surpris de trouver que le canon était beaucoup plus échauffé par l'explosion d'une charge de poudre donnée quand il n'y avait point de balle devant la poudre que quand une ou plusieurs balles étaient chassées par la charge. » Quoi de plus saisissant que cette expérience dans laquelle une certaine quantité de chaleur disparaît en même temps qu'un travail est produit, et dans laquelle cette corrélation est assez manifeste pour être sensible à la main ? Et ne serait-on pas tenté de s'étonner, si l'histoire des découvertes humaines n'était pleine de ces anomalies, que Rumford n'en ait pas donné la véritable explication ? Quoi qu'il en soit, cette expérience mérite d'être reprise avec précision, et nous la recommandons à nos officiers d'artillerie ; il leur serait sans doute facile de constater qu'un canon s'échauffe moins lorsqu'il tire à boulet que lorsqu'il tire à blanc avec une simple gargousse, et l'étude de ce phénomène pourrait leur donner d'utiles enseignements.

L'expérience de Rumford sur le frottement a été reprise avec les corps les plus divers et sous des formes variées dès que l'on eut compris ce qu'on en pouvait tirer. M. Joule, dont le nom se présente à chaque instant quand on étudie la nouvelle théorie, faisait tourner une petite roue à palettes dans une masse d'eau ; le mouvement était donné par la chute d'un poids. Il mesurait donc facilement le travail correspondant à la rotation. L'échauffement de l'eau s'observait directement au thermomètre. Il trouva ainsi pour le rapport d'équivalence le nombre 424. Une autre série d'expériences faites en remplaçant l'eau par du mercure donna le nombre 425. L'eau ou le mercure, comme on voit, servait en même temps à M. Joule de corps frottant et de calorimètre. Dans une troisième série d'essais, M. Joule fit frotter un anneau de fer sur un disque de même nature dans une masse d'eau, ce qui était, à proprement parler, l'expérience même de Rumford ; il arriva par ce procédé au nombre 425. M. Favre fit frotter de l'acier contre de l'acier et donna pour résultat de ses essais le nombre 413. On pourrait citer plusieurs autres déterminations de ce genre, et si l'on en a fait beaucoup, on en fera sans doute encore un plus grand nombre par la suite. Ces expériences demandent un soin minutieux et une ingénieuse appréciation des circonstances qui peuvent motiver des corrections dans les données numériques ;

mais rien de plus simple, de plus satisfaisant pour l'esprit que leur principe. Le frottement y apparaît directement comme un des phénomènes dans lesquels le travail se transforme en chaleur.

C'est donc avec des notions plus saines que l'on peut maintenant examiner ce qui se passe dans les cas innombrables où deux corps se meuvent au contact l'un de l'autre. Et l'on n'est plus tenté d'admettre que dans le jeu d'une machine, qui a pour effet de soumettre diverses surfaces à des frottements, une partie de la force motrice soit mystérieusement absorbée. Une portion de cette force se perd à communiquer du mouvement soit à l'air ambiant, soit aux supports de la machine ; c'est là une perte que l'on peut suivre. Une autre partie est employée à user les surfaces frottantes, à décomposer les liquides dont elles sont enduites ; ce sont encore là des effets que l'on peut apprécier. Mais cette notable portion du travail moteur qui était consommé sans qu'on pût en rendre compte par ces divers motifs, on sait maintenant qu'elle ne disparaît comme travail qu'autant qu'elle se retrouve comme chaleur. Cette chaleur pourra se perdre en échauffant les organes de la machine, elle pourra se répandre sans effet utile dans l'atmosphère ; mais du moins rien ne demeurera inexpliqué, et nous pourrons poursuivre dans toutes leurs phases les transformations successives du travail moteur. Dira-t-on que c'est là un mince résultat, qu'on ne pourra suivre ces changements que par l'imagination, et que la pratique n'en atteindra pas la mesure ? Et d'abord rien ne prouve qu'on ne puisse pas tirer de précieuses applications de cette notion nouvelle du frottement ; mais en tout cas, qu'on ne s'y méprenne pas, elle nous délivre d'une grande hérésie scientifique que bien des personnes ont côtoyée sans doute, et où il est à penser que quelques-unes sont tombées autrefois. Supposer, comme on était tenté de le faire jadis, à propos du frottement, qu'un travail moteur s'anéantit sans rien produire, c'est une erreur du même ordre que de croire qu'un travail moteur peut naître de rien. Ce sont deux absurdités réciproques et solidaires. Les vieilles idées courantes sur le frottement renfermaient donc, plus ou moins cachées dans leurs flancs, toutes les billevesées qui ont signalé la recherche du mouvement perpétuel.

Des considérations du même ordre s'appliqueraient à la théorie des chocs, où les phénomènes calorifiques entrent pour une part considérable. Si on tire avec une carabine rayée contre une cible très résistante, on constate que la balle est brûlante après le choc. La chaleur développée par ce choc, si on la supposait concentrée tout entière dans le plomb dont la balle est formée, en élèverait la température à plus de 500 degrés. Elle serait donc plus que suffisante pour liquéfier le plomb. Si on tire à boulet sur une cible très dure, on voit souvent jaillir un éclair de lumière au moment où le boulet frappe la cible. On peut dire qu'en général nous estimons trop bas la quantité de chaleur qui est due aux chocs. On a calculé que si un corps tombe de la hauteur où l'attraction terrestre est à peine appréciable, il donnera en touchant la terre deux fois plus de chaleur que n'en dégagerait la combustion d'un poids égal de charbon.

Nous venons de voir l'étude du frottement tout à fait régénérée. Celle de la dilatation des corps va aussi se transformer complètement en vertu des idées nouvelles. Ici vient se placer d'abord une expérience mémorable, fondamentale, exécutée en 1845 par M. Joule, et qui anéantit une erreur depuis longtemps accréditée. On admettait généralement, il y a quelques années encore, et cette opinion trouvait place dans l'enseignement classique, que la dilatation d'un corps, celle de l'air par exemple, absorbait de la chaleur. Tout le monde se rappelle que dans les cours de physique on mettait un thermomètre sous le récipient de la machine pneumatique : on observait l'abaissement de température qui suivait les premiers coups de piston donnés pour faire le vide, et on déclarait sans plus ample analyse que la dilatation de l'air absorbait la chaleur qui disparaissait en cette circonstance ; mais ne va-t-il pas falloir, en face de l'expérience de M. Joule, modifier l'énoncé de cette explication ?

M. Joule prit deux récipients métalliques de capacité égale, réunis par un court tuyau que fermait un robinet. Dans l'un des récipients, il introduisit de l'air sous la pression de vingt-deux atmosphères, le robinet de communication étant fermé ; dans l'autre, il fit le vide. Le système des deux récipients était entièrement plongé dans un réservoir plein d'eau où des thermomètres sensibles permettaient d'apprécier les phénomènes calorifiques qui viendraient à se produire. L'expérience ainsi préparée, le robinet qui faisait communiquer les deux récipients fut ouvert ; l'air comprimé se précipita dans l'espace vide, et dans un instant très court le système des deux vases fut rempli d'air sous la pression de onze atmosphères. Cette dilatation du gaz absorba-t-elle, oui ou non, de la chaleur ? L'ancienne physique eût répondu oui sans hésiter ; elle admettait que dans toute dilatation une certaine quantité de chaleur disparaissait. Cependant l'expérience de M. Joule montra qu'aucune chaleur n'était absorbée ; les thermomètres plongés dans le réservoir d'eau demeurèrent immobiles. Certes il y avait là de quoi confondre les esprits nourris dans les anciens errements ; mais nous qui sommes maintenant en possession du principe de l'équivalence de la chaleur et du travail, ne sommes-nous pas portés naturellement à comprendre ce résultat, si nous réfléchissons que, pour remplir le récipient où le vide a été fait d'avance, l'air n'a aucun travail à accomplir ? Pas de travail produit, partant pas de chaleur consommée. Nous sommes ainsi amenés à rectifier l'assertion des anciens physiciens et à dire que, quand un gaz se dilate dans les conditions ordinaires, ce n'est point la dilatation même du gaz qui absorbe de la chaleur, mais bien le travail qu'il est ordinairement obligé d'accomplir pour se dilater.

M. Joule fut d'ailleurs conduit à retourner son expérience pour. en trouver la confirmation. En supprimant le travail de la dilatation, il avait évité tout refroidissement. Si au contraire il obligeait le gaz à produire un travail pour se dilater, il devait constater une absorption de chaleur. Après avoir rempli son premier récipient d'air comprimé à vingt-deux atmosphères, il obligea le gaz à se rendre sous une cloche renversée sur la cuve à eau et à s'y loger sous une pression de onze atmosphères. L'air avait donc pour s'établir sous la cloche une certaine masse d'eau à déplacer. À ce travail devait correspondre dans le système une déperdition de chaleur. C'est ce que les thermomètres accusèrent nettement. Rien de plus concluant que le résultat de ces deux expériences. Rien de plus naturel d'ailleurs que de tirer de la seconde une détermination numérique de l'équivalent mécanique de la chaleur. M. Joule le fit et trouva dans ces essais le nombre 441.

Cette expérience capitale vaut qu'on s'y arrête et qu'on examine attentivement comment les choses s'y passent. Si l'on se reporte au premier essai que nous avons indiqué, à celui dans lequel l'air passe du récipient où il est comprimé à vingt-deux atmosphères au récipient où le vide a été fait, et si l'on regarde de plus près le jeu du phénomène, une objection peut se présenter à l'esprit. Le gaz, disons-nous, remplit rapidement les deux récipients sous une pression de onze atmosphères, sans travail et sans refroidissement. Cependant, s'il nous prend fantaisie d'isoler par la pensée dans le premier récipient une petite masse d'air et de la considérer spécialement à l'exclusion des particules voisines, nous serons bien forcés de reconnaître que cette petite masse d'air, pour se dilater, doit presser les molécules qui l'entourent, développer ainsi du travail, et partant se refroidir. Cela est si vrai que le résultat final est en effet un refroidissement dans le second essai, où la masse entière du gaz, au lieu de trouver le vide devant elle, rencontre un corps qu'elle doit déplacer. Mais ne semble-t-il pas dès lors que la petite masse que nous venons d'isoler par la pensée doit se comporter de la même manière dans les deux cas, puisqu'à tout prendre elle a dans les deux cas un effort à faire sur ce qui l'entoure immédiatement, et ne peut-il pas paraître extraordinaire qu'elle se comporte différemment suivant ce qui se passe aux extrémités de la masse ? « Supposer, dit M. Verdet, que tantôt elle se refroidit, tantôt elle conserve sa température, c'est pour ainsi dire supposer qu'elle est instruite de ce qui se passe en dehors d'elle, et qu'elle se conforme à une loi de la nature de la même façon qu'un être animé et doué d'intelligence. On n'ose guère en général, contre une théorie forte déjà de l'assentiment des plus hautes autorités scientifiques, exprimer tout haut de pareilles difficultés, dont l'énoncé a quelque chose d'étrange et de malsonnant ; mais on les garde au fond de l'esprit et on en reçoit quelquefois une défiance secrète contre la science tout entière. » Examinons donc de plus près. Dans le premier cas sans doute, de même que dans le second, il y a travail produit, par conséquent refroidissement ; mais immédiatement les parois résistantes du récipient d'arrivée arrêtent le mouvement, le gaz revient à l'état d'équilibre. Dans cette perte de mouvement, le travail disparu se retrouve sous forme d'une certaine quantité de chaleur qui est restituée au système, et cette quantité est précisément égale à celle qui avait été consommée dans le premier moment de l'expérience. De là vient qu'en définitive les thermomètres n'accusent aucun changement. Cette explication peut d'ailleurs être vérifiée et rendue sensible aux yeux : il suffit de plonger le premier récipient dans un vase d'eau, le second récipient dans un vase différent. On reconnaît alors le refroidissement qui correspond à la première phase de l'expérience, réchauffement qui suit ce premier phénomène, et on constate facilement l'équivalence des deux effets consécutifs.

Toutes ces expériences de M. Joule ont été répétées avec le soin le plus scrupuleux par M. Victor Regnault, le grand vérificateur des travaux modernes. Ainsi développées et étudiées sous toutes leurs faces, sanctionnées par ce contrôle éminent, elles démontrent clairement que la dilatation de l'air n'absorbe par elle-même aucune chaleur. Il n'y a de chaleur consommée que par le travail qui accompagne la dilatation. L'effet est ainsi restitué à sa véritable cause, et tout le monde comprendra la valeur de cette rectification apportée aux anciennes idées.

Une nouvelle pensée guide ainsi l'esprit quand il considère les rapports de la chaleur avec les changements moléculaires des corps. On va voir la notion de capacité calorifique se transformer et s'éclairer. Commençons cependant par dire que les considérations qui vont suivre ne s'appliquent, du moins dans la forme simple où nous désirons les présenter, ni aux corps solides, ni aux corps liquides. Là en effet la cohésion des molécules, particularité mal connue et encore inabordable, masque les résultats. Nous n'aurons en vue que les gaz que l'on appelle gaz permanents, dont les molécules paraissent complètement libres les unes par rapport aux autres. Des recherches justement célèbres avaient été faites depuis longtemps sur la dilatation de ces gaz. On savait que lorsqu'on échauffe l'un d'eux, le nombre de calories qu'il absorbe sous l'unité de poids pour élever d'un degré sa température varie, suivant que pendant réchauffement on maintient son volume constant à l'aide d'une enveloppe inextensible, ou qu'on lui permet au contraire de se dilater en laissant seulement, constante la pression à laquelle il est soumis. À ces deux cas correspondaient pour un même gaz deux capacités calorifiques différentes : capacité calorifique à volume constant, capacité calorifique à pression constante, cette seconde toujours plus grande que la première. Pour l'air atmosphérique par exemple, ces deux quantités étaient dans le rapport de 1 à 1,421. La physique avait ainsi dressé des tables qui donnaient pour chaque gaz les deux capacités calorifiques, et la différence de ces deux quantités avait reçu un nom, elle s'appelait la chaleur latente de dilatation. C'était bien en effet l'excédent de chaleur qui était consommé sans produire un excédent de température dans celui des deux cas où le gaz prenait un accroissement de volume. La physique en restait là. Chacun des gaz avait ses deux chaleurs spécifiques, indépendantes en quelque sorte l'une de l'autre ; aucun rapport nécessaire ne semblait lier ces quantités entre elles. Aujourd'hui la question s'éclaircit à la lueur du principe nouveau, et ce qui était latent devient patent. Cet excès de chaleur qui est absorbé dans le cas où le gaz prend un accroissement de volume devient pour nous l'équivalent exact du travail mécanique que ce gaz développe en se dilatant. En même temps que le rôle de la chaleur latente de dilatation se trouve ainsi expliqué, une relation fixe, une équation mathématique s'établit entre les deux capacités calorifiques d'un même gaz, puisque le nombre de calories qui représente leur différence équivaut à un travail mécanique que nous pouvons apprécier et exprimer en kilogrammètres.

Voilà ainsi deux données qui ne paraissaient pas autrefois, solidaires l'une de l'autre, et dont nous découvrons la relation nécessaire. L'équation à laquelle elles doivent satisfaire nous permet donc de faire une série de vérifications, vérifications d'autant plus précieuses que les valeurs numériques des chaleurs spécifiques à volume constant et des chaleurs spécifiques à pression constante ont été autrefois déterminées, pour les différents corps gazeux, par des expériences directes, très soignées, très précises, et avant qu'on soupçonnât le lien qui devait unir ces deux quantités. Cette équation prend donc une importance capitale. Si l'on suppose connu le nombre qui représente l'équivalence de la chaleur et du travail, elle peut servir à contrôler toutes les valeurs anciennement déterminées pour les chaleurs spécifiques. Si au contraire on regarde ces valeurs comme des données acquises, elle fournira une série de déterminations numériques du nombre fondamental de l'équivalence. Toutes les déterminations qui ont été faites par ce procédé oscillent, ainsi qu'on pouvait s'y attendre, autour du nombre 425, qui peut être regardé comme leur valeur moyenne.

L'expérience des deux récipients de M. Joule, les indications sommaires que nous venons de donner sur les capacités calorifiques montrent dans quel esprit a été révisée l'étude de la dilatation des corps. C'est là d'ailleurs la question qui depuis cinq ou six ans a joué sans cesse le premier rôle dans la théorie mécanique de la chaleur. Nulle part on n'est plus près des faits primordiaux qu'il importe de constater. Entre le mouvement vibratoire qui constitue la chaleur et le mouvement de dilatation moléculaire qui augmente le volume du corps, la relation est directe, facile à définir. Elle se prête à l'analyse mathématique. Aussi a-t-elle été pour les géomètres l'objet de calculs très étendus et très complets. Cette étude, intéressante par elle-même, en a pris une importance spéciale. Elle est devenue une sorte de place d'armes dans l'intérieur de laquelle on a établi les vérités fondamentales qui servent de base à la théorie dont nous poursuivons en ce moment l'exposition. La dilatation des corps solides ou liquides, par la raison qu'on a pu entrevoir tout à l'heure, a présenté des difficultés d'analyse qui n'ont pas permis d'aller au fond des choses ; mais celle des gaz, des vapeurs, a été complètement étudiée dans des mémoires originaux, parmi lesquels on doit citer un récent *Commentaire aux travaux publiés sur la chaleur considérée au point de vue mécanique*, par M. Résal, ingénieur des mines,— un mémoire sur *l'Equivalent mécanique de la chaleur*, de M. Bélanger, professeur à l'École centrale, et un travail de M. Ch. Combes en cours de publication dans le *Bulletin de la Société d'encouragement*.

Introduites dans l'étude de la chimie, les idées nouvelles n'y furent point stériles. On avait bien songé depuis longtemps à comparer au travail mécanique proprement dit cette autre sorte de travail qui est due aux affinités chimiques : c'était là une question tout à fait pratique, puisqu'en résumé les actions chimiques sont l'origine de presque tout le travail qui se produit parmi nous, et que l'une d'elles, la combustion du charbon, fait tourner la plus grande partie de nos machines ; mais entre le travail chimique et le travail mécanique on n'avait aucun terme de comparaison. La chaleur, envisagée au point de vue où nous l'avons maintenant montrée, se présenta comme une mesure commune de ces deux natures de travaux, comparables sans doute entre eux par une conception théorique,[1] mais complètement dissemblables en

1 On peut regarder l'acte de la combinaison entre molécules, entre les atomes de l'oxygène et ceux du charbon par exemple, comme semblable à l'acte de la chute d'un corps contre la terre. Si le charbon brûle, c'est que les atomes du gaz comburant se précipitent sur lui. De la masse et de la vitesse de ces atomes on conclurait le

fait. La chaleur au contraire devenait pratiquement comparable aux uns et aux autres. Ainsi ce fut un fait facile à constater qu'un kilogramme d'hydrogène, en se combinant avec l'oxygène, dégage 34,462 calories, et en se combinant avec le chlore, 23,783 ; qu'un kilogramme de graphite naturel, en se brûlant à l'oxygène, produit 7,796 calories, kilogramme de zinc 565, et ainsi de suite. Or c'est une notion qui nous est maintenant acquise que chacune de ces calories peut se convertir en 425 unités de travail mécanique. Nous savons donc quel effort pourrait vaincre, quel poids pourrait élever chacune de ces combinaisons chimiques, si par quelque moyen on arrivait à la convertir tout entière en effets mécaniques.

Ici se place une expérience déjà ancienne, mais des plus importantes, et qui est due à M. Favre. M. Favre a étudié un. circuit voltaïque qu'il plaçait dans un grand réservoir de mercure formant thermomètre, et où les diverses parties de son appareil pouvaient être introduites à volonté. Il y mettait un élément composé d'une plaque de zinc et d'une lame de platine plongée dans de l'eau acidulée, et réunies par un fil de cuivre gros et court. Il a d'abord mesuré ainsi directement la chaleur dégagée, et a trouvé qu'à la dissolution de 33 grammes de zinc, c'est-à-dire d'un équivalent chimique de ce métal, correspondait un dégagement de calories représenté par le nombre fractionnaire 18,68, c'est-à-dire la quantité de chaleur nécessaire pour élever d'un degré 18,680 grammes d'eau. Il a remplacé ensuite le fil de cuivre gros et court introduit dans le calorimètre par un fil long et mince enroulé en spirale et placé hors du calorimètre. Là- quantité de chaleur observée a été moindre, et d'autant moindre que le fil de jonction était plus long ; mais, s'il rétablissait dans le calorimètre ces différents fils de jonction, il retrouvait toujours exactement la même quantité de chaleur que dans le premier cas. Ainsi dans ces déterminations préparatoires il était bien évident que 33 grammes de zinc, en se dissolvant, donnaient une quantité totale de chaleur constamment égale. Ensuite M. Favre, laissant toujours dans une cavité du calorimètre son fil enroulé en spirale, en fit l'électro-aimant d'une petite machine électro-magnétique à laquelle il donna un travail extérieur à accomplir ; elle montait un poids au moyen d'une poulie. Le phénomène alors changea de face. L'expérimentateur

---

travail dû à cette chute.

trouva que la quantité de chaleur correspondant à la dissolution de 33 grammes de zinc était inférieure au nombre indiqué plus haut. Il fit varier le travail accompli par la petite machine, et il constata que la chaleur dégagée variait dans un rapport constant avec ce travail ; pour chaque kilogrammètre produit, une quantité déterminée de calories disparaissait. Ainsi dans le moteur électrique de M. Favre, comme dans les autres appareils que nous avons déjà décrits, l'équivalence des deux termes que nous étudions était immédiatement démontrée par deux séries de valeurs directement appréciables. Ici tant de travail produit, là tant de chaleur absorbée. De ces essais, M. Favre a tiré le nombre 443, un peu supérieur à celui dont M. Verdet a proposé l'adoption.

Il ne paraît pas difficile, nous pouvons le dire en passant, de découvrir la raison pour laquelle M. Favre a trouvé un nombre trop élevé. En indiquant cette raison, nous sommes amenés à parler incidemment des effets mécaniques de l'électricité, sur lesquels nous ne voulons point d'ailleurs nous étendre aujourd'hui, parce que nous nous réservons d'en parler avec quelque détail dans une autre occasion. L'action chimique développée dans la pile de M. Favre se manifeste à la fois sous forme calorique et sous forme électrique ; il y a chaleur sensible au thermomètre et courant électrique sensible au galvanomètre. Je sais bien que ces deux effets sont liés par une relation simple et directe (la chaleur est proportionnelle au carré de l'intensité du courant) ; mais est-ce à dire pour cela qu'ils ne soient qu'une seule et même chose ? Est-ce à dire que, si l'on tient compte de l'un des effets, il devient loisible de négliger l'autre ? Évidemment non. En même temps qu'une certaine quantité de chaleur se transforme en travail, dans l'expérience de M. Favre, une certaine quantité d'électricité cesse de s'accuser au galvanomètre, et rien ne nous autorise à faire abstraction des effets mécaniques de ce phénomène. Si donc M. Favre rapporte à une même calorie un trop grand nombre de kilogrammètres, c'est peut-être qu'il lui attribue une portion de travail qui doit en bonne justice être mise au compte de l'électricité. Encore une fois, nous ne faisons que jeter cette indication en passant. Elle répond à cette idée que, si l'on étudie la connexité qui lie l'affinité chimique, la chaleur et le travail mécanique, il est nécessaire, en dernière analyse, d'y faire entrer aussi l'électricité. C'est une action à quatre personnages. L'un d'eux, dira-t-on, joue un rôle accessoire au point de vue mécanique. Accessoire, peut-être, mais négligeable, certainement non ! Rien n'empêche cependant de faire abstraction momentanément de l'un d'eux, à la condition de bien connaître la réserve que l'on fait, et de ne pas se laisser entraîner par cette omission dans des raisonnements inexacts. Cette réserve, cette omission, nous la ferons d'ailleurs aujourd'hui, afin d'isoler et de mettre en relief la relation directe qui a été signalée entre la chaleur et le travail, et que nous nous sommes proposé en ce moment d'étudier tout spécialement. C'est en effet là, dans l'action générale, la portion la mieux connue et la mieux définie. Quant au rôle particulier qu'y joue l'électricité, il est jusqu'ici resté plus obscur, et nous demanderons en tout cas la permission de le laisser aujourd'hui complètement dans l'ombre.

Tout en évitant de parler des phénomènes électriques, nous ne pouvons cependant passer sous silence une brillante expérience de M. Foucault, qui eut un grand retentissement il y a quelques années. On sait le talent de mise en scène avec lequel M. Foucault rend populaires les vérités physiques. Il prenait un gros disque de cuivre qu'il plaçait entre les deux pôles d'un électro-aimant ; un système d'engrenages et une manivelle permettaient d'imprimer au disque un mouvement de rotation rapide. Lorsqu'aucun courant ne traversait les bobines de l'électro-aimant, on faisait tourner le disque. avec la plus grande facilité, et sans qu'il s'échauffât sensiblement ; mais si l'on venait à faire passer un courant à travers les bobines, les réactions qui s'établissaient entre leur fer aimanté et le disque de cuivre étaient telles qu'on éprouvait pour faire tourner celui-ci une résistance considérable : un homme suffisait à peine à cet effort, et le travail qu'il dépensait ainsi échauffait graduellement le disque jusqu'à une température qui a quelquefois atteint 95 degrés. Ainsi dans cette expérience saisissante le thermomètre enregistrait directement, sous forme de chaleur, l'effort développé sur la manivelle pour entretenir la rotation du disque.

Section IV

Mais la théorie mécanique de la chaleur ne nous donne-t-elle d'enseignements qu'au sujet des corps inorganiques ou inanimés ?

Les corps vivants ne sont-ils pas à la fois le siège de phénomènes calorifiques et de phénomènes mécaniques ? Et n'est-on pas en droit de penser qu'ils sont régis, eux aussi, par l'équivalence de ces deux phénomènes ? Si en effet les corps vivants, dans ce qui touche plus particulièrement au principe de l'action vitale, échappent évidemment aux lois ordinaires de la physique et de la mécanique, il est au contraire naturel d'admettre, tant que l'expérience ne dément pas cette opinion, qu'ils y sont soumis en ce qui concerne le jeu de leurs organes. La volonté a sans contredit en elle-même des modes d'action tout particuliers ; mais, dès qu'elle doit agir sur la matière, elle se trouve évidemment liée par les lois matérielles, comme un étranger qui aurait à se conformer aux règlements du pays où il vit.

Non-seulement les preuves les plus décisives montrent qu'il y a dans les corps vivants aussi bien que dans le monde inorganique conversion de la chaleur en travail et du travail en chaleur, mais il est remarquable que ce soit en réfléchissant au jeu de la vie animale que le docteur Jules-Robert Mayer ait été amené à trouver les bases de la théorie nouvelle. Elle est complètement esquissée dans son mémoire sur le mouvement organique et la nutrition (1845). Les travaux du docteur Mayer sont peu connus en France, mais deux séries d'expériences récentes mettent en évidence la relation qui lie dans les corps vivants la chaleur au travail. Nous voulons parler des recherches de M. Hirn et de celles du docteur Béclard.

M. Hirn a abordé de front la question et cherché une solution d'ensemble en opérant sur le corps même de l'homme.

C'est un fait indiqué d'abord par Lavoisier et Laplace, confirmé par les expériences de Dulong et Despretz, éclairé ensuite par les travaux de MM. Favre et Silbermann, et maintenant définitivement acquis à la physiologie, que la chaleur animale est due entièrement, ou du moins presque entièrement, aux actions chimiques que produit la respiration ; ce qui peut en être dégagé par d'autres actions, par la nutrition, par la circulation du sang, est complètement négligeable. L'oxygène inspiré brûle dans le corps des matières hydro-carbonées, et l'animal expire de l'acide carbonique et de l'eau. L'intensité de cette action respiratoire varie beaucoup avec l'âge, le sexe, l'état de santé des divers individus. M. Hirn s'est proposé de l'étudier sur un même individu à l'état de repos et à l'état de mouvement.

Pour parler d'abord de l'état de repos, on sait que le corps humain conserve une température tout à fait constante, dont la valeur est de 37 degrés environ dans nos climats. On peut donc dire que la chaleur développée à l'intérieur du corps par l'action respiratoire[1] en sort incessamment tout entière sous diverses formes, évaporation pulmonaire et cutanée, échauffement de l'air expiré, rayonnement, contact des corps ambiants. M. Hirn a commencé par vérifier cette supposition, qu'il a trouvée sensiblement exacte.

Il plaçait un homme dans un espace hermétiquement clos, en le laissant d'abord, pendant un temps donné, à l'état de repos absolu. Le sujet absorbait l'air par le nez au moyen de deux petits tubes introduits dans ses narines et qui communiquaient avec un gazomètre dont le débit était facilement mesuré ; il expulsait les produits de la respiration par un autre tube introduit dans sa bouche, et qui aboutissait à un second gazomètre, où l'acide carbonique et la vapeur d'eau pouvaient être dosés. La température de ces divers gaz étant soigneusement mesurée, ainsi que réchauffement de l'enceinte dû à la chaleur perdue par le sujet, M. Hirn trouvait que pour chaque gramme d'oxygène brûlé, l'homme émettait au dehors environ 5 calories 1/2. Ce résultat confirmait suffisamment le raisonnement d'après lequel toute la chaleur de la combustion devait se retrouver au dehors.

Voilà pour l'état de repos. Mais quand l'homme exécute un travail, les choses se passent-elles de même ? — M. Hirn enferma encore son sujet dans la chambrette d'expérimentation et lui donna pour travail d'élever sans cesse son propre corps sur une roue à échelons, qui tournait de manière qu'il n'eût point à changer réellement de place. Il est clair d'une part que l'homme produit également un travail s'il déplace une masse étrangère, ou s'il déplace sa propre masse en prenant un point d'appui à l'extérieur ; l'on comprend d'un autre côté qu'en soulevant sans cesse sa propre charge sur cette espèce d'escalier mobile, le sujet, au point de vue de la mécanique, produisait le même effet que s'il eût gravi un escalier fixe. Dans ces

1   Cette chaleur, on vient de le voir, varie beaucoup suivant les individus. On peut cependant, si l'on veut en donner une moyenne grossière, l'évaluer à 100 calories par heure, la combustion pendant une heure étant estimée à 10 grammes de charbon et 0,6 grammes d'hydrogène ; or un gramme de charbon en brûlant dégage 8,08 calories, et 1 gramme d'hydrogène en dégage 34,5.

conditions, M. Hirn trouva que pour 1 gramme d'oxygène brûlé il n'était plus émis dans l'enceinte que 2 calories 1/2 environ. Ainsi dans ce cas l'action respiratoire de l'homme est représentée par une moindre quantité de chaleur en raison du travail dû à l'ascension sur la roue. Les deux quantités se complètent : ce qui manque en chaleur se retrouve en travail. Le fait n'a plus rien qui puisse nous étonner, et il y aurait eu au contraire de quoi nous surprendre si la production d'un effet mécanique n'avait pas diminué la manifestation des effets calorifiques. M. Hirn montre ainsi que tous les efforts extérieurs que l'homme exerce viennent en déduction de la chaleur qu'il dégage ; mais s'il a su mettre le phénomène en évidence, les conditions de son expérience étaient trop complexes, les corrections à faire à ses diverses données trop délicates pour qu'il pût avec quelque exactitude apprécier numériquement la conversion de la chaleur en travail. M. Hirn annonce d'ailleurs, dans son nouveau mémoire publié l'an dernier, qu'il recommence les mêmes recherches dans de meilleures conditions.

M. Béclard a pris pour point de départ l'étude de la contraction musculaire et a observé pendant plusieurs années les phénomènes qui s'y rapportent.

On savait depuis longtemps que la contraction d'un muscle dégage de la chaleur, parce qu'elle est accompagnée d'une action chimique, d'une absorption d'oxygène. Alexandre de Humboldt avait autrefois signalé ce fait, auquel il avait été amené par induction, sans pouvoir d'ailleurs le vérifier. MM. George Liebig et Helmholtz avaient plus tard repris cette opinion. Enfin M. Matteucci avait directement démontré l'absorption de l'oxygène en employant des muscles de grenouilles. Prenant quelques trains de derrière de grenouilles préparés, il en plaçait un certain poids dans un flacon et un même poids dans un second vase. Il faisait contracter les uns et laissait les autres en repos ; puis il introduisait de l'eau de chaux dans les deux récipients et dosait ainsi la quantité d'acide carbonique produite, de façon à connaître la quantité d'oxygène absorbée, Des expériences réitérées lui avaient montré que les muscles contractés absorbaient beaucoup plus d'oxygène que les autres.

La contraction musculaire est donc une oxydation qui dégage, comme toute oxydation, une certaine quantité de chaleur ; mais, si on se contente de considérer ce phénomène en lui-même, il paraît difficile d'en rien tirer qui puisse servir à la théorie qui nous occupe. La contraction musculaire en effet implique des phénomènes de volonté qu'il semble impossible d'isoler, et des particularités intérieures dont l'analyse paraît impraticable. Quand nous ramenons, par exemple, notre avant-bras de manière qu'il fasse un angle droit avec le bras, nous pouvons agir à la fois sur les muscles fléchisseurs et sur les muscles extenseurs, et développer ainsi d'une façon absolue des efforts dont la mesure dynamique et calorifique ne présenterait rien de certain. C'est donc d'une autre manière que M. Béclard a abordé ce problème. Il s'est proposé de comparer, sous le rapport calorifique, une même contraction musculaire dans deux cas différents : celui où elle n'est accompagnée d'aucun travail extérieur et celui où, au contraire, un travail extérieur l'accompagne.

À l'origine de ses recherches, il opéra au moyen d'aiguilles ou hameçons thermo-électriques formés de deux métaux, cuivre et fer, qu'il enfonçait dans les tissus musculaires des animaux et qu'il mettait en communication avec un galvanomètre dont les déviations accusaient les variations de température des muscles. Il se servait particulièrement de grenouilles ; il les fixait sur une tablette, et il déterminait des contractions dans une des pattes de l'animal. Tantôt cette patte se contractait à vide, tantôt elle devait soulever un poids au moyen d'une corde passant sur une poulie. Mais M. Béclard ne tarda pas à reconnaître qu'il ne pouvait rien conclure d'expériences dans lesquelles l'animal, sous l'impression d'une cause excitante, contractait son muscle, sans que la contraction eût un rapport bien déterminé avec l'effort à vaincre. Il se décida, pour avoir des résultats plus sûrement appréciables, à opérer sur l'homme. Il fallait dès lors renoncer à l'emploi des aiguilles ou hameçons thermo-électriques, car ces engins ne pouvaient être introduits dans les tissus charnus sans danger sérieux, surtout si les expériences se répétaient fréquemment. L'emploi de ces appareils présentait aussi d'autres inconvénients. Le vernis dont on recouvrait les aiguilles pour empêcher qu'elles ne fussent attaquées chimiquement par les sécrétions du corps venait à se fendiller ; des courants dus à des actions chimiques pouvaient dès lors modifier les mouvements de l'aiguille du galvanomètre et masquer les résultats calorifiques. M. Béclard s'assura qu'en appliquant sur la peau du bras un simple thermomètre et enveloppant le tout d'un corps mauvais conducteur de la chaleur, d'une bande de laine par exemple, le thermomètre accusait nettement les variations de température ; il se décida dès lors à recourir à ce moyen direct d'observation. Il opéra d'ailleurs sur lui-même et fit, pendant les étés des années 1858 et 1859, une série continue d'expériences dirigées avec le soin le plus minutieux.

Nous n'essaierons pas de marquer toutes les précautions ingénieuses que prit l'expérimentateur pour écarter toutes les causes d'erreur, pour rendre tous les résultats comparables entre eux et pour dégager le phénomène principal des faits accessoires qui auraient pu le modifier. Nous indiquerons au moins la forme générale de ses expériences. Il était assis sur un siège complètement fixe, les deux bras tombant naturellement le long du corps et les avant-bras coudés à angle droit. Au-dessus de lui, une corde s'enroulait sur deux poulies et venait, armée de deux mannettes, tomber auprès de chacune de ses mains. Les deux mains saisissaient ces mannettes, la paume tournée en haut. C'était en effet dans cette position, M. Béclard l'avait vérifié, que la plus grande partie de l'effort se concentrait sur les muscles biceps brachial et brachial antérieur sur lesquels il avait appliqué son thermomètre. La main droite avait d'ailleurs pour fonction d'agir sur un poids de 5 kilogrammes attaché à la manette droite. La main gauche au contraire tenait simplement la manette correspondante, à laquelle aucun poids n'était suspendu.

Quant au principe même des expériences, il consistait, comme on l'a déjà vu précédemment, à observer successivement une même contraction musculaire, d'abord à l'état statique, c'est-à-dire sans aucun travail extérieur accompli, et ensuite à l'état dynamique, c'est-à-dire avec accomplissement d'un travail extérieur. Le caractère de ces essais est donc une comparaison continuelle entre la contraction statique et la contraction dynamique. Les effets thermométriques correspondant à la première ne sont jamais observés que pour être mis en regard des effets analogues qui correspondent à la seconde. Et c'est de ce rapprochement que M. Béclard tire ses enseignements.

Deux séries d'essais, chacune double en raison des deux termes à déterminer, lui fournissent ses conclusions.

Dans la première série, la main droite commençait par soutenir le poids immobile pendant cinq minutes : état statique. Pour constater l'état dynamique, cette même main droite, pendant le même intervalle de temps, élevait le poids jusqu'à une faible hauteur (16 centimètres) un assez grand nombre de fois ; le poids redescendait après chaque ascension sans que la main eût à le soutenir pendant la descente : c'était la main gauche qui était chargée de remplit cette fonction à l'aide de la corde et des poulies. En comparant les observations thermométriques, M. Béclard trouva que la chaleur due à la contraction statique surpassait d'un degré la chaleur due à la contraction dynamique. Cette chaleur, qui disparaissait lorsque le muscle contracté élevait un poids, était évidemment l'équivalent du travail extérieur que le muscle produisait.

Une seconde série d'expériences fut faite pour ainsi dire en sens inverse. La main droite commençait toujours par soutenir le poids à l'état de repos ; mais ensuite, au lieu de monter le poids, elle le soutenait à la descente un certain nombre de fois, la main gauche se chargeant alors, au moyen de la corde et des poulies, de produire les ascensions. Qu'arriva-t-il ? C'est que les phénomènes calorifiques devinrent inverses. Le muscle prit une température plus élevée quand il soutenait le poids à la descente que quand il le maintenait à l'état de repos. De même que, dans la première série d'essais, le travail qu'il accomplissait lui laissait moins de chaleur que l'état statique, de même, dans la seconde série, le travail qui en dehors de lui s'accomplissait lui en laissait une plus grande quantité.

M. Béclard mettait d'ailleurs encore ces résultats en relief par une série accessoire d'expériences qui résumait en quelque sorte les précédentes. Il commençait par opérer avec la main droite toutes les ascensions du poids pendant que la main gauche le soutenait à chaque descente ; puis au contraire il le soutenait à chaque descente avec la main droite pendant que la main gauche opérait toutes les ascensions. Les différences calorifiques observées dans les essais précédents s'ajoutaient naturellement dans cette dernière expérimentation, et le phénomène étudié s'accusait ainsi plus nettement.

De ces recherches sur la contraction musculaire, on peut donc tirer l'enseignement suivant : la contraction musculaire est une oxydation, et si elle ne produit aucun travail extérieur, elle dégage une certaine quantité de chaleur proportionnelle à la quantité d'oxygène qui est absorbée ; mais si elle produit un travail, elle dégage une quantité de chaleur plus petite, de telle sorte que la quantité de chaleur et la quantité de travail développées soient complémentaires l'une de l'autre. La chaleur qui apparaît dans le muscle contracté comme résultat de l'action chimique est diminuée de toute celle qui s'est transformée en travail mécanique.

La forme simple et précise des travaux de M. Béclard devait le porter à chercher la valeur numérique du rapport qui lie le travail produit à la chaleur correspondante. Il connaissait directement le nombre de kilogrammètres développés par le mouvement du poids ; mais il pouvait moins facilement déduire de ses observations thermométriques le nombre absolu de calories que les muscles perdaient ou gagnaient dans les différents cas. Il supposa dans ses calculs que la masse musculaire échauffée était équivalente en poids à un demi-kilogramme. Il supposa que la capacité du tissu musculaire pour la chaleur était égale à celle de l'eau. C'étaient là d'ailleurs des conjectures assez incertaines. Aussi a-t-il donné, en le reconnaissant lui-même, un nombre beaucoup trop grand pour l'équivalent mécanique de la chaleur. Toutefois l'inexactitude de la mesure n'ôte rien à la certitude du fait observé.

Que ressort-il en résumé des travaux de M. Hirn et de M. Béclard ? C'est que la combustion respiratoire, qui joue un rôle prépondérant dans la vie matérielle, développe à l'intérieur du corps une quantité de chaleur qui peut se répandre tout entière au dehors sous forme calorifique, qui peut aussi partiellement, suivant la volonté de l'homme, se convertir en mouvement ou en travail. Nous disons mouvement ou travail, car encore une fois, que l'homme déplace des objets extérieurs ou qu'il se déplace lui-même en prenant un point d'appui au dehors, qu'il gravisse l'escalier de M. Hirn ou qu'il soulève le poids de M. Béclard, c'est tout un. Comment d'ailleurs s'exerce cette action de la volonté qui transforme partiellement la chaleur animale en effets mécaniques ? Comment le nerf qui est le véhicule de la volonté excite-t-il le muscle ? C'est là un problème physiologique que nous n'avons point à aborder ici. Nous pouvons seulement faire en passant une remarque qui ne manque pas d'une certaine importance et qui se déduit naturellement de tout ce qui précède. C'est que le nerf n'a pas besoin d'avoir en lui-même, comme oh le lui a quelquefois demandé, tout le mouvement qu'il suscite dans le muscle. Il n'intervient au contraire, suivant ce que nous venons d'exposer, que pour susciter l'action du mécanisme au moyen duquel le muscle emprunte directement à la chaleur animale le travail qu'il doit produire.

Il est naturel de se demander dans quelles limites peut se faire cet emprunt. Une partie seulement de la chaleur animale peut se convertir en travail. Est-ce une fraction plus ou moins forte de la chaleur totale ? On peut répondre, d'après les données de M. Hirn, que c'en est à peu près la moitié ; mais ici il est important de s'entendre sur la valeur absolue que prend cette chaleur totale suivant que l'homme est à l'état de repos ou à l'état de travail. Une objection pourrait en effet se présenter au nom de l'expérience vulgaire, et il n'est pas inutile de la prévoir. Le mouvement, le travail, disent MM. Hirn et Béclard, se produisent aux dépens de la chaleur animale, dont ils consomment une notable partie. Et cependant tout le monde sait que pour se réchauffer on se donne du mouvement. Comment disparaît cette contradiction apparente ? Comment la vérité des théories que nous avons esquissées se concilie-t-elle avec la réalité des phénomènes usuels ? Oui, le travail correspondant au mouvement consomme de la chaleur, mais en même temps il précipite l'action respiratoire jusqu'à l'augmenter quelquefois dans la proportion de 1 à 10. La combustion s'accélère de façon à fournir aux effets qui lui sont demandés, et il n'est pas étonnant que dans cette action régulatrice elle dépasse le but et fournisse un excédent de calorique. On peut remarquer, à ce sujet que cette dépense excédante et pour ainsi dire inutile est d'autant moindre chez les divers sujets qu'ils sont mieux constitués et plus, assouplis au genre de travail qu'ils produisent. L'organisme emploie d'ailleurs plusieurs moyens pour augmenter la combustion d'oxygène à mesure qu'on lui demande du travail ; les inspirations deviennent plus fréquentes, jusqu'à produire parfois l'essoufflement ; l'air est inspiré plus profondément, de telle sorte que l'homme geint quelquefois en le chassant ; enfin, pour une même quantité d'air introduite, une proportion plus grande d'oxygène est dans certains cas retenue par les poumons.

Si nous passons maintenant, du règne animal au règne végétal, une différence essentielle apparaît dans les phénomènes de la vie. On peut dire que la vie végétale est le contraire de la vie animale. Dans celle-ci, on voit l'oxygène absorbé décomposer dans les corps les matières hydrocarbonées et en sortir à l'état d'eau et d'acide carbonique. Le végétal fait l'inverse ; il absorbe de l'eau et de l'acide carbonique et rejette de l'oxygène en retenant les hydrocarbures qui proviennent de cette transformation. Si donc dans l'animal les corps mis en présence se combinent suivant leurs affinités chimiques naturelles, dans le végétal ils forment au contraire des combinaisons diamétralement opposées à celles auxquelles ils sont portés. Le végétal nous apparaît donc comme un milieu où sont constamment séparés des éléments qui ont une tendance à se combiner et dont la combinaison dégagerait de la chaleur comme le fait tout travail dû aux affinités chimiques. Qu'est-ce que cela fait soupçonner ? C'est que, pour triompher sans cesse de cette action spontanée des forces moléculaires, le végétal doit absorber sans cesse de la chaleur. Cette chaleur qu'il absorbe, il la convertit en travail pour lutter contre les affinités chimiques et produire en définitive des résultats qui leur sont contraires, à la différence de l'animal, dans lequel ces affinités chimiques se satisfont et dégagent de la chaleur qui est sans cesse disponible. Aussi, tandis que l'animal conserve en général une température constante et à peu près indépendante du milieu ambiant ; la plante se met en équilibre de température avec ce qui l'entoure. Ce n'est que dans certains cas particuliers, dans le cas de là germination et au moment de la floraison, que les phénomènes sont inverses, que la plante absorbe de J'oxygène, et qu'en vertu de cette combustion elle peut élever sa température au-dessus de celle de l'air ambiant.

Où le végétal trouve-t-il toute cette chaleur dont il a incessamment besoin ? Dans l'action solaire. Le végétal emprunte constamment de la chaleur au soleil et l'emmagasine à l'état de force vive calorifique. Que les rayons du soleil tombent sur une plage de sable, le sable s'échauffe, et il renvoie bientôt par rayonnement toute la chaleur qu'il reçoit ; mais que ces mêmes rayons tombent sur une forêt, les arbres continuellement absorbent et s'approprient une partie de leur chaleur. Les matières hydrocarbonées qui se forment sans cesse sur la terre, par exemple les matières spécialement regardées comme combustibles, le bois, la houille, etc., sont ainsi des provisions de force vive accumulées par une transformation lente de l'action solaire, et dont nous pouvons disposer à un instant donné pour les convertir en chaleur, en travail. Quand nous avons amoncelé du charbon dans le foyer d'une machine à vapeur et que nous l'enflammons au moyen d'une allumette, d'où sortira tout le travail que va produire la machine ? Est-ce de l'allumette ? Eh ! non, c'est tout le travail solaire qui a été emmagasiné anciennement dans ce combustible que nous rendons soudainement disponible en abandonnant le charbon à son affinité pour l'oxygène, absolument comme nous pourrions, disposant d'une grande masse d'eau qui aurait été élevée dans un réservoir par un travail antérieur, utiliser la chute de cette eau en ouvrant le robinet du réservoir. Chaque kilogramme de houille renferme ainsi virtuellement trois millions de kilogrammètres. On peut donc calculer facilement la quantité de puissance mécanique, toute préparée, que nous extrayons annuellement du sol de la France quand nous tirons de nos houillères 8 millions de tonnes de charbon. C'est le travail de 10 millions de chevaux-vapeur fonctionnant jour et nuit pendant toute l'année.

C'est encore cette force vive emmagasinée dans les végétaux qui leur donne leur vertu nutritive ; ils introduisent dans le corps des animaux les matières hydrocarbonées que l'oxygène y viendra brûler ensuite. Si ces éléments de régénération manquent, le corps, réduit à s'oxyder lui-même, dépérit et meurt. Cette fonction des végétaux prendra dans notre esprit une importance particulière, si nous réfléchissons que la nourriture animale n'est en quelque sorte que médiate, et qu'il faut remonter aux végétaux pour trouver l'origine de toute nutrition.

Le rôle actif du soleil apparaît donc dans tout ce qui précède. On peut dire qu'en versant continuellement de la chaleur sur la terre, il y verse du travail. Et la voix populaire est d'accord avec la science en proclamant que cet astre est la source vivifiante de toute transformation matérielle. On a mesuré, sans grande précision bien entendu, la quantité de chaleur que le soleil envoie annuellement à la-terre. On peut donc en quelque sorte connaître la quantité de travail qu'il met virtuellement à notre disposition.

Si cette détermination n'offre par elle-même aucun intérêt spécial, il n'en reste pas moins certain qu'elle correspond à une notion précieuse : c'est que nous avons ainsi autour de nous une grande somme de travail gratuitement produit dont nous devons être amenés à utiliser une portion de plus en plus grande.

Ce n'est point seulement sur les rapports du soleil avec la terre. que la théorie nouvelle fournit d'intéressantes vérités. Elle n'hésite point à se demander comment s'entretient la chaleur du soleil et comment se réparent les pertes qu'il subit sans cesse par le rayonnement. Elle répond que les corps qui viennent tomber à la surface de l'astre lui abandonnent sous forme de chaleur l'énorme quantité de mouvement qu'ils possédaient dans leur gravitation à travers l'espace. Elle admet de plus que ces corps sont pour la plus grande part empruntés à cette agglomération sidérale qui entoure le soleil et qui est connue sous le nom de lumière zodiacale. Dès lors et connaissant par les travaux de sir John Herschel et de M. Pouillet quelle est la quantité de chaleur que perd le soleil, elle calcule quelle est la masse de corps zodiacaux qui doit venir se joindre à cet astre pour lui restituer sa chaleur. On a reconnu que cette masse n'est point assez considérable pour faire varier d'une façon appréciable le volume du soleil. Si notre lune tombait sur le soleil, elle lui communiquerait une quantité de chaleur suffisante pour couvrir les pertes d'une ou deux années ; notre terre, en y tombant, couvrirait les pertes d'un siècle ; cependant les masses de la lune et de la terre disparaîtraient sans donner au soleil un accroissement perceptible. Il n'est point à espérer que les télescopes puissent saisir, et préciser l'accroissement graduel du diamètre solaire. Cette suprême vérification manquera donc à l'ensemble de ces hautes hypothèses astronomiques.

Il faut citer ces spéculations hardies sans y attacher plus d'importance que leur degré de certitude n'en comporte encore, et se hâter de redescendre sur la terre, où la nouvelle thermo-dynamique nous donne et nous promet une assez riche moisson d'utiles enseignements.

M. Verdet a terminé ses leçons par une courte histoire de la théorie nouvelle. On peut assigner une date fixe à l'origine de cette théorie, et en reporter la naissance véritable à l'année 1842. Sans doute, avant cette époque, plusieurs savants purent en entrevoir quelques parties et en toucher quelques points. C'est ainsi que l'on trouve dans un mémoire de Lavoisier et Laplace sur la chaleur (1780), le passage suivant : « D'autres physiciens pensent que la chaleur n'est que le résultat des vibrations insensibles de la matière... Dans le système que nous examinons, la chaleur est la force vive qui résulte des mouvements insensibles des molécules d'un corps ; elle est la somme des produits de la masse de chaque molécule par le carré de sa vitesse... » Mais de cette assertion si originale et si précise il ne paraît pas que Lavoisier et Laplace aient jamais tiré aucun profit, Laplace surtout abandonna complètement cette manière de voir, et défendit résolument la doctrine vde la matérialité du calorique. On a vu plus haut comment, au commencement de ce siècle, Rumford, réagissant contre cette opinion, mit en évidence des faits intéressants qui ne frappèrent point assez le public de son temps, et dont il nous est facile maintenant d'apprécier l'importance ; mais un peu plus tard les études relatives à la chaleur subirent une phase singulière. Sadi Carnot, officier du génie, fils du célèbre conventionnel, publia en 1824 ses *Réflexions sur la puissance motrice du feu et sur les machines propres à développer cette puissance.* Cette publication coïncidait avec les premiers développement donnés à l'usage des moteurs à vapeur. Elle fit alors une grande sensation, et son importance scientifique s'est prolongée jusqu'à ces dernières années. On va voir cependant que la. doctrine de Sadi Carnot est diamétralement opposée à celle qui triomphe aujourd'hui. Sadi Carnot admettait, conformément aux idées répandues autour de lui, que le calorique est un corps matériel. Dès lors, disait-il, il est facile de comprendre que lorsqu'une certaine quantité de chaleur passe d'un corps chaud à un corps plus froid, ce transport produise par lui-même une certaine quantité de travail ; mais, une fois l'équilibre établi, la chaleur perdue par l'un des corps se retrouve *tout entière* dans l'autre, absolument comme l'eau qui a fait marcher une roue hydraulique se retrouve entièrement dans le bief d'aval. Dans les idées de Carnot, cette comparaison se poursuit jusqu'au bout. La chaleur est un fluide qui, en vertu d'une force spéciale, tend comme l'eau à prendre son niveau. La température devient ainsi une sorte de cote de nivellement propre au fluide calorifique. Le fluide descend d'un corps supérieur (en température) dans un corps inférieur, et produit ainsi de la puissance motrice. Il sera possible également, en dépensant de la puissance motrice, de porter le fluide d'un corps froid à un corps plus chaud, tout comme, au moyen d'un effort extérieur, on porte de l'eau d'un bassin inférieur à un réservoir plus élevé. On comprend facilement le danger et le leurre que renfermait la doctrine de Sadi Carnot. La chaleur, sortant d'un corps en vertu de cette force spéciale du nivellement des températures, devait, chemin faisant, produire du travail et se retrouver ensuite tout entière dans un corps différent. La machine à vapeur empruntait ainsi sa puissance, non pas à une consommation de chaleur, mais à un rétablissement d'équilibre dans le calorique. « Malgré cette erreur fondamentale, dit M. Verdet, le nom de Sadi Carnot et celui de son savant commentateur, M. Clapeyron, occuperont toujours une place importante dans l'histoire de la science. Sadi Carnot est l'auteur des formes de raisonnement dont la théorie mécanique fait sans cesse usage ; c'est dans son écrit qu'on trouve les premiers exemples de ces cycles d'opérations qui prennent un corps dans un état déterminé, le font passer à un état différent en suivant un certain chemin, et le ramènent par une autre voie à son état primitif. M. Clapeyron a éclairci ce que le mémoire de Carnot avait d'obscur, et a montré comment on devait traduire analytiquement et représenter géométriquement ce mode de raisonnement si neuf et si fécond. Ces deux géomètres ont créé en quelque sorte la logique de la science. Lorsque les véritables principes ont été découverts, il n'y a eu qu'à les introduire dans les formes de cette logique, et il est à croire que, sans les anciens travaux de Carnot et de M. Clapeyron, les progrès de la théorie nouvelle n'auraient pas été à beaucoup près aussi rapides. »

Ces véritables principes qui ont enfin établi la thermo-dynamique sur des bases solides, on les trouve dans les travaux de ces deux savants étrangers dont nous avons déjà parlé, M. Jules-Robert Mayer, médecin à Heilbronn, M. Joule, professeur de physique à Manchester.

Les quatre ouvrages principaux de M. Mayer, *Remarques sur les forces de la nature inanimée* (1842), *le Mouvement organique dans ses rapports avec la nutrition* (1845), *l'Introduction à la mécanique du ciel* (1848), *les Remarques sur l'équivalent mécanique de la chaleur* (1851), renferment dans leur ensemble les diverses considérations que nous avons exposées dans les pages qui précèdent. Son point de départ fut tout physiologique. Il raconte lui-même que ses travaux furent provoqués par l'incident d'une saignée faite à un fiévreux à Java en 1840, et par cette remarque que le sang veineux, dans les régions tropicales, est d'un rouge beaucoup plus brillant que dans les régions plus froides ; mais ses études ne restèrent point circonscrites dans le champ de la physiologie, et dans l'espace de dix années cet homme de génie aborda successivement la plupart des points sur lesquels s'est exercée depuis la thermo-dynamique. C'est lui qui introduisit pour la première fois dans la science le terme d'équivalent mécanique de la chaleur. Malheureusement Mayer travaillait seul, sans grand souci de répandre ses idées. Ses mémoires n'eurent pendant longtemps qu'une publicité fort restreinte. Aujourd'hui même, ils sont encore peu connus sons leur forme originale. « Vous désirerez sans doute, disait M. John Tyndall dans une récente leçon de physique à *Royal Institution*, vous désirerez savoir ce qu'est devenu cet homme éminent. Sa raison l'abandonna ; il devint fou et fut enfermé dans une maison d'aliénés. Il est dit dans un dictionnaire biographique allemand qu'il y mourût ; mais c'est inexact : il a recouvré la raison, et il vit actuellement, tout à fait retiré, à Heilbronn. »

Les travaux de M. Joule ne restèrent pas, comme ceux de M. Mayer, confinés dans un cercle restreint. Ils eurent dès leur origine un grand retentissement. Développés dans des leçons publiques a la manière anglaise, appuyés d'expériences mémorables qui frappèrent tous les esprits, discutés et commentés par le monde scientifique tout entier, ils eurent une influence décisive sur les destinées de la thermo-dynamique. Le premier mémoire de M. Joule est de 1843 ; il contient des recherches sur la chaleur dégagée par les courants induits et sur les lois suivant lesquelles varie cette chaleur quand un travail est développé. Les célèbres expériences sur la dilatation des gaz sont de 1845 ; Enfin en 1850 parut dans les *Transactions philosophiques* un mémoire qui peut passer pour le manifeste de la nouvelle doctrine thermo-dynamique.

Autour des deux noms de Mayer et de Joule, on peut grouper ceux de MM. Colding, William Thomson, Helmholtz, Zeuner, Clausius,

Macquorn, Rankine, Holtzman. Comme on le reconnaît par ces noms divers, la théorie nouvelle s'est faite surtout à l'étranger. Elle est plus récente en France ; qu'en Allemagne et en Angleterre. On a pu voir cependant dans les pages qu'on vient de lire qu'elle s'est enrichie des travaux de plusieurs Français ; mais, entravée par quelques malentendus, elle ne s'est vulgarisée chez nous qu'avec lenteur. Ce n'est que depuis deux ou trois ans qu'elle s'est produite dans notre haut enseignement, dans le cours de physique générale de M ; Victor Regnault au Collège de France, dans les leçons de mécanique de M. Bour à l'École polytechnique, dans les leçons de physique de MM. Sénarmont et Jamin à la même école. L'exposition publique qu'en a faite M. Verdet contribuera sans doute à lui donner définitivement droit de cité chez nous et à l'introduire, dans les arts industriels aussi bien que dans la science, comme une vérité pratique et usuelle.

ISBN : 978-1984351142